Roland H. Palm

Schaffnerteddy Fritz

und Dampflok Willi

EISENBAHN KURIER

EK-Verlag

Texte und Bilder von Roland H. Palm.

ISBN 3-88255-887-3

Printed in Germany

Bearbeitung: Silvia Teutul

EK-Verlag GmbH • Postfach 500111 • 79027 Freiburg • www.eisenbahn-kurier.de

Heute ist für unseren Freund Fritz
ein ganz besonderer Tag.

Er hat seine erste Eisenbahnfahrt als
Schaffnerteddy vor sich und ist deswegen
natürlich schon mächtig aufgeregt.

Zur Feier des Tages hat er auch
seine schönste Uniform angezogen,
auf die er ganz besonders stolz ist.

R. H. Palm

Doch bevor die Reise losgeht,
möchte Schaffnerteddy Fritz noch
die Lokomotive Willi und die Wagen
so richtig auf Hochglanz bringen.

Fritz poliert und schrubbt
so lange an Willi herum, bis es
der kleinen Lokomotive zu kitzelig
wird und sie vor Lachen schon lauter
kleine Dampfwölkchen ausstößt.

Dann – endlich –
kann die Reise beginnen.

Fritz beobachtet das Signal,
und als es „Fahrt“ zeigt,
schaut er noch ein letztes Mal
am Zug entlang, um sicher zu sein,
dass auch wirklich alles
seine Ordnung hat.

Dann nimmt er seine
funkelnagelneue Schaffnerpfeife,
pfeift mächtig laut das Abfahrtssignal
und hält die Kelle hoch,
damit auch die Lok Willi weiß,
dass es nun wirklich los geht.

Schnell steigt Fritz ein
und schließt mit einem
lauten „Rumms“ die Waggontür.

R.H. Palm

Und schon rumpelt
der Zug langsam los.

Immer schneller und schneller
geht die Fahrt. Die Lokomotive Willi
ist vor Begeisterung kaum zu bremsen
und gibt einen schrillen lauten Pfeifton
nach dem anderen ab. So mancher
müde Mümmelmann muss seinen
Mittagsschlaf unterbrechen und
fix von den Schienen hoppeln,
damit ihm nicht das Schwänzchen
abgefahren wird.

Als Schaffnerteddy Fritz einmal aus
dem geöffneten Fenster sieht, fliegt
ihm vom Fahrtwind fast die Mütze
vom Kopf. In letzter Sekunde kann
er sie zum Glück noch festhalten.

Das wäre wohl was gewesen:
Ein echter Schaffnerteddy
ohne Mütze !!!

Nach einer Weile kann Fritz aus
dem Fenster die erste Haltestelle –
den Bahnhof „Entenpfuhl“ – erkennen.
Die Lok Willi drosselt schon
merklich die Geschwindigkeit,
und der Zug wird langsamer
bis er schließlich genau
am Bahnsteig zum Halten kommt.

„Alles einsteigen, bitte!“, ruft Fritz
und hilft Frau Ente beim Besteigen
des Waggons.

Dann, als die Türen
wieder geschlossen sind,
gibt Fritz den Abfahrauftrag, und
die aufregende Reise geht weiter.

GLEIS 1
Rio
Handeloh
Köln
Freiburg
Asendorf
R.H. Palm

Diesmal geht es durch die Berge, und die Lok Willi hat mächtig zu schnaufen. Schließlich ist es nicht ganz einfach, einen kompletten Zug das Gebirge hinauf zu ziehen.

Aber auch das ist irgendwann geschafft, und der Bahnhof „Gamsbockhorn“ erscheint hinter der nächsten Kurve.

Gamsbockhorn 5 km
Km
7,4
R.H
Palm

Am Bahnsteig kommt der Zug schließlich wieder mit einem leichten Ruck zum Halten. Die kleine Lok Willi ist froh über diese kurze Verschnaufpause und lässt vor Erleichterung eine riesige Rauchwolke aus dem Schornstein aufsteigen.

Gerade hier will nun die gute Frau Ente den Zug verlassen, um ihre Schwester zu besuchen. Eine Windböe treibt jedoch unglücklicherweise Willis Rauchwolke zu ihr hinüber und hüllt sie in kohlrabenschwarzen Qualm ein.

GLÜCK AUF
R.H. Palm

Au weia, aus der schneeweißen Entenfrau ist nun ein schmuddeliges Etwas geworden. Der Schaffnerteddy Fritz hat alle Mühe, Frau Ente wieder zu beruhigen. Er putzt und wischt an ihr herum, so dass sogar noch einige Federn ausgehen.

Schließlich ist sie aber doch halbwegs sauber und nicht mehr ganz so böse wie zuvor. Allerdings ist sie auch nicht mehr ganz so hübsch wie zu Beginn der Reise.

Nachdem dieser Zwischenfall erledigt ist und eine Plüschteddyfamilie den Zug bestiegen hat, geht es weiter.

Bahnhof
Seestern

Die Fahrt geht nun zum Glück
zum Meer hinab. Die Lok Willi hat
nun mehr zu bremsen, als zu ziehen.
Damit es nicht zu schnell wird,
muss Schaffnerteddy Fritz
Lok Willi hin und wieder ermahnen,
die Geschwindigkeit zu verringern
und noch etwas mehr zu bremsen.

Und da haben wir auch schon
das Theater! Mit noch viel zu viel
Schwung von der Talfahrt saust der Zug
durch den Bahnhof „Seestern" und
kommt erst ein ganzes Stückchen
dahinter zum Halten.

Der Lok Willi und dem Schaffnerteddy
Fritz ist das natürlich sehr peinlich,
und Fritz muss die aufgebrachten
Fahrgäste mit vielen freundlichen
Worten beruhigen.

Langsam und vorsichtig fährt der Zug zurück, bis er dort steht, wo er hin gehört: An den Bahnsteig!

Nun kann auch die Plüschteddyfamilie aussteigen, um ihren lang ersehnten Badeurlaub anzutreten. Eine putzige flauschige Katze und eine Möwe mit einem verletzten Flügel steigen neu hinzu.

Gewissenhaft kontrolliert Schaffnerteddy Fritz die Fahrkarten, hilft den Reisenden beim Aus- und Einsteigen und gibt dann, als das Signal auf „Fahrt“ steht, den Abfahrauftrag.

DLRG
R.H. Palm

Gerade als der Zug wieder so richtig schön in Fahrt ist, geschieht kurz hinter einer Kurve mitten im Wald dann das: Ein umgekippter Baum liegt mitten auf den Gleisen!

Ganz knapp vor dem Hindernis kommt Willi zischend, schnaufend und dampfend zum Stehen.
Im Zug purzeln dabei die Reisenden wild durcheinander.

Betroffen stehen sie nun
vor dem umgekippten Baum:
Schaffnerteddy Fritz, die Katze und
die Möwe mit dem verletzten Flügel.

Was nun ?

„Da hilft alles nichts,
hier müssen wir wohl alle
mit anfassen!“, ruft Fritz.

Kurze Zeit später schieben, ziehen
und drücken sie – jeder nach seinen
Kräften – an dem Baum herum.
Auch die Lok Willi legt sich
mächtig ins Zeug.

Und tatsächlich, nach einer Weile
bewegt sich der Baum, dreht sich
herum und rollt schließlich mit
lautem Getöse von den Gleisen
seitwärts in die Büsche.

P.H. Palm

Endlich kann die Reise weitergehen. Erschöpft sitzen die Fahrgäste in ihren Sitzen. Die Katze ist sogar schon eingeschlafen und schaukelt in den Kurven hin und her. Einmal hört man sie sogar im Schlafe maunzen. Wovon sie wohl träumt?

Die Möwe schaut aus dem Fenster und wünscht sich, weil sie großen Hunger hat, zum Abendessen einen riesigen saftigen Regenwurm.

Katzen
Dind
oof!
Maus
use
h! Minka

Hallo
MERLE
+
LEA
2 x
KLINGELN

Ruckelnd kommt der Zug
mal wieder zum Halten.

„Wiesengrund, hier ist
Bahnhof Wiesengrund!“,
ruft Schaffnerteddy Fritz auf
dem Bahnsteig laut heraus.
Es ist die vorletzte Station
dieser Reise.

Die kleine flauschige Katze
und die verletzte Möwe verlassen
zusammen die Eisenbahn.
Die Möwe möchte im Hotel
„Zur großen Tanne“ die Nacht
verbringen und am nächsten Tag
weiter reisen. Die Katze jedoch
hat es nicht mehr weit bis
zu dem Bauernhof, auf dem sie
zu Hause ist. Sie möchte nur noch
in ihr Körbchen, um mal wieder
richtig auszuschlafen.

Auf dem letzten Stück der Reise bis zur Endstation ist Schaffnerteddy Fritz ganz allein in seiner Eisenbahn. Auch er freut sich schon auf sein Bett, denn der Tag war doch ziemlich anstrengend und aufregend! Vorher jedoch müssen die Waggons noch abgekuppelt und die gute Lokomotive Willi in den Lokschuppen gebracht werden.

Als all diese Arbeiten erledigt sind, geht auch unser Freund, der Schaffnerteddy Fritz, nach Hause.

Er freut sich schon auf die nächste Fahrt und ist gespannt auf weitere Erlebnisse mit der kleinen Lokomotive Willi!

Kaum hat der müde Fritz sich ausgezogen,
gewaschen und die Zähne geputzt,
fallen ihm auch schon die Augen zu.

Gleich darauf hört man aus seinem Häuschen
nur noch ein lautes und zufriedenes Schnarchen.
Gute Nacht und schlafe gut, Schaffnerteddy Fritz.

Roland H. Palm

Geboren am 16. Juli 1956 in Schätzendorf/Lüneburger Heide

Nach Schulbesuch und Ausbildung bei der Deutschen Bundesbahn künstlerische Erfahrungen mit Karikaturen und dem Schreiben von Satiren und Kurzgeschichten für Zeitungen und Zeitschriften

Nach der Zeit bei der Bundesmarine zusätzliche Ausbildung im Karikatur- und Pressezeichnen

Seit über 20 Jahren tätig für unterschiedliche Firmen der Souvenir-, Geschenk- und Werbeartikelindustrie

Veröffentlichte Arbeiten in Deutschland, Italien, Österreich, Frankreich und in der Schweiz

Idee, Entwurf und Gestaltung von diversen Motiven für Porzellan-, Keramik- und Sammlerartikeln, Kinderspielzeug sowie Etikettenentwürfe für Brauereien

Weiterhin Zusammenarbeit mit verschiedenen Im- und Exportfirmen, Postkartenverlagen (z. Zt. 61 verschiedene grafische Karten/Motive auf dem Markt)

Über all die Jahre tätig in der freien Kunst: Malerei, Grafik, Illustrationen sowie im Entwurf und Bau großer Holzfiguren und Skulpturen (dabei Zusammenarbeit mit verschiedenen Galerien und Geschäften)